天才孩子超愛問的
十萬個為什麼

植物樂園

幼獅文化 / 著

貝貝熊插畫工作室 / 繪

園丁文化

推薦序

★ 讓科學智慧之光　照亮孩子的美麗夢想

　　時光如梭，孩子在不知不覺中一天天長大。面對奇妙的大千世界，突然有一天，他會輕輕地拉着你的衣角，眼裏充滿好奇和疑惑，嘴裏蹦出一個又一個「為什麼」。

　　為什麼睡覺時會做夢？為什麼小狗喜歡伸舌頭？星星是誰掛到天上去的？為什麼花兒會有香味？……大人們習以為常的生活、司空見慣的世界，對於孩子來說，都是那麼新奇和不可思議。他們迫切地想了解這個世界，每一個疑問就像一束智慧的火苗，在他們的心底燃燒。

　　身為父母的你，如果能珍視孩子的「為什麼」，並耐心地回答，或是和他一起去尋找答案，無疑會使孩子心中的智慧之火燃燒得更加熾熱。

　　如何用一種合適的方式把科學的知識傳輸給孩子，解除孩子心中一個個小問號，成為了家長和教育者面臨的永恆課題。

　　20 世紀 60 年代，《十萬個為什麼》曾風靡一時，這一名字已成為科普讀物的代名詞，深深地印在人們的腦海裏。隨着

時代的發展、科學技術的日新月異，已有的知識在不斷更新，當今孩子最想知道的林林總總「為什麼」又會是怎樣的呢？《天才孩子超愛問的十萬個為什麼》叢書滿足了廣大家長和孩子的要求，這是專為學前兒童精心打造的幼兒故事版《十萬個為什麼》。它以全新的理念、嶄新的科學知識和溫情故事，帶給小讀者不一樣的全新感受。叢書精心選取了當今孩子最好奇的一些問題，包括動物、植物、天文、地理、奇妙人體和生活常識等各個方面的內容。針對 3 至 6 歲幼兒的認知水準，編者通過設置故事的形式引出問題，並對這些問題作出了準確、顯淺、生動的回答，力求以有趣的插圖、生動的故事、專業的解釋和通俗的語言，為孩子打開科學殿堂的大門。書中的每個問題都融合在有趣的故事裏，一來貼近孩子的視角，二來也有利於父母的講解，讓孩子在感受快樂的同時獲取知識。為了增加孩子的閱讀興趣，書中還有「知識加加油」、「問題考考你」、「謎語猜猜看」等趣味小欄目，大大增添了圖書的可讀性。

祝願孩子們在閱讀《天才孩子超愛問的十萬個為什麼》叢書的過程中，能閃耀出迷人的智慧光芒，照亮他們奇特有趣、豐富多彩的科學探索之路和美麗的童年夢想世界。

中國科普作者協會　少兒科普專業委員會主任

余 俊雄

目錄

天才孩子超愛問的十萬個為什麼
植物樂園

為什麼松樹四季常綠？

　　寒冷的冬天來臨了，北風呼呼，雪花飛舞。薇薇在家裏透過窗戶看雪景。屋外的幾棵松樹枝頭覆蓋着厚厚的積雪，依然青翠茂盛，生機勃勃。薇薇好奇地問爺爺：「爺爺，冬天裏許多樹都落葉了，為什麼松樹的枝葉依然翠綠呢？」

　　爺爺告訴薇薇，松樹一年四季都在落葉，不過每次落得很少，同時新的葉子又在不斷長出來；而且松樹的葉子是針形的，外面有一層蠟質，可以鎖住葉子的養分和

水分，使葉子具有抗寒能力。所以松樹四季常綠，即使在大雪紛飛的冬天，它的葉子依然透着綠色。

知識加加油 ❶

松樹對環境的適應性很強，能在裸露的礦質土壤、砂土、火山灰等環境中生長。松樹有很高的觀賞價值，中國黃山的「迎客松」聞名中外！

知識加加油 ❷

如果你去爬山，會發現許多松樹長在石縫中。石頭那麼硬，松樹為什麼能穿透它呢？原來松樹會分泌出一種能溶解岩石的有機酸。有了這種有機酸，松樹就能慢慢「啃噬」石頭了。

為什麼 奇異果 被稱為「水果之王」？

餐桌上放着一盤水果，裏面有橙、蘋果和奇異果。它們正聚集在一起聊天呢！

蘋果驕傲地說：「這三種水果中，我的營養最全面，主人最喜歡我。」

橙一聽，不服氣地說：「我含有豐富維他命 C，主人最喜歡我。」

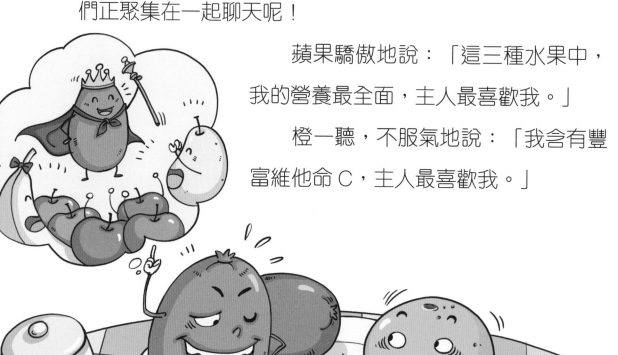

奇異果說：「你們聽說過『水果之王』嗎？那就是我！」

原來，奇異果含有人體必需的多種維他命，其中的維他命 C 是橙的 5 倍，是蘋果的 20 倍。此外，它還含有多種氨基酸和豐富的礦物質，因此被譽為「水果之王」。

知識加加油 ❶

奇異果又叫「獼猴桃」，這名稱的由來有兩種說法：第一種說法是，獼猴愛吃這種水果；第二種說法是，這種水果的表皮覆蓋着細毛，樣子像獼猴。

知識加加油 ❷

奇異果不宜與牛奶同食。因為奇異果中的維他命 C 容易與牛奶中的蛋白質凝結成塊，不僅會影響消化和吸收，還會使人出現腹脹、腹痛、腹瀉等情況。

為什麼紅蘿蔔被譽為蔬菜中的「小人參」？

　　小亮放學回到家直喊肚子餓，他放下書包跑進飯廳。「你先吃一點吧！」媽媽說着，趕緊端出已經準備好的飯菜，味道香噴噴。「我本來不愛吃紅蘿蔔炒肉片，但媽媽說過，紅蘿蔔很有營養呢！」小亮說着，夾了一塊紅蘿蔔放進嘴裏。

媽媽說：「對，紅蘿蔔是小人參，多吃身體好。」

紅蘿蔔除了含有蔗糖、葡萄糖、澱粉外，還含豐富胡蘿蔔素、類胡蘿蔔素等多種維他命，這些都是維護身體健康不可缺少的營養素，能保護視力，滋潤皮膚，提高免疫力。因此，它被譽為蔬菜中的「小人參」。

知識加加油

如果把紅蘿蔔和白蘿蔔放在一起煮，就會引發「內戰」。因為白蘿蔔含維他命Ｃ，而紅蘿蔔含有對抗維他命Ｃ的分解酶，會破壞白蘿蔔中的維他命Ｃ，使白蘿蔔的營養價值大打折扣。

為什麼花兒有香味？

花園裏有美麗的蝴蝶花，也有平凡的小草。每天，蝴蝶花姐姐把自己打扮得漂漂亮亮的，還散發出香噴噴的味道。

小草妹妹十分羨慕蝴蝶花姐姐，問道：「花姐姐，你們為什麼會有那麼好聞的香味呢？」

蝴蝶花姐姐說：「大多數花兒的花瓣裏都有一種油細胞，會不斷分泌出帶有香味的芳

香油。因為芳香油
很容易揮發，當花兒開放
的時候，芳香油會隨着水分一
起散發出來，人們就會聞到花香啦！
如果芳香油的含量多一些，花兒的香味就會濃
郁一些；反之，香味就淡雅一點。」

知識加加油 ❶

大王花被稱為「花中之王」，生長在印尼的熱帶森林裏，共有 5 片花瓣，盛開時為紅褐色，花朵的直徑約 1 米，花蕊部位像個大臉盆。美中不足的是，這種花的氣味令人作嘔，非常難聞。

知識加加油 ❷

世界上最小的花兒，要數無根萍的花朵了。無根萍是世界上最小的開花植物，也是花兒最小和果實最小的植物。它生活在池塘、稻田或濕地裏，植株只有芝麻般大小，花朵就比針尖更小。

為什麼發芽的 馬鈴薯 不能吃？

　　媽媽在打掃廚房。她整理出幾個發了芽的馬鈴薯，將它們扔進了垃圾桶。

　　文文不解地問：「媽媽，你說要愛惜食物，為什麼把這些馬鈴薯扔掉呢？」媽媽笑着說：「發芽的馬鈴薯有毒，不能吃。」

馬鈴薯發芽的時候，芽眼的周圍會產生一種有毒的物質——龍葵素，人吃了會出現噁心、嘔吐、昏迷等情況，嚴重的還會引起神經系統病徵。

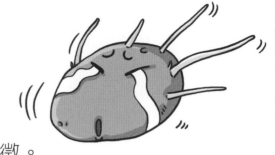

如果馬鈴薯發芽很少，也可以去除芽眼及芽眼周圍的部分，然後切絲或切片，並放進水裏浸泡一會兒再煮食。

知識加加油 ❶

1785 年，法國鬧糧荒，有人建議用馬鈴薯來解決饑荒問題。然而，當時很多人認為馬鈴薯是有毒的。國王路易十六得知後，用馬鈴薯做成菜餚，親自品嘗。此後，馬鈴薯才被人們接受，並有了「地下蘋果」的美名。

知識加加油 ❷

馬鈴薯除了食用，還有消腫的功效。如果皮膚出現紅腫，可以將馬鈴薯切片，敷在上面。過一段時間，紅腫就會慢慢消退。

植物的根
有什麼作用？

小白兔看見一棵大樹的根露在外面，便上前用力地扯啊扯，玩起了拔蘿蔔遊戲。兔爸爸看見了，連忙過來阻止：「寶寶，不能破壞植物啊！」

小白兔停了下來，一臉疑惑地問：「爸爸，植物的根有什麼作用呀？」

「植物的根作用可大啦！」兔爸爸耐心地

告訴小白兔，「它是植物在進化過程中逐漸形成的營養器官。根通過吸收土壤裏的養分，使植物生長；深入土壤裏的根能保護植物不會因風雨而倒下；根內的一些組織負責輸送營養。如果你弄壞了樹根，就會使這棵樹受傷！」

「好吧，爸爸，我們一起把這棵樹的根埋起來吧！」小白兔說完就坐言起行。

知識加加油 ❶

有些植物的根可以食用，如白蘿蔔、紅蘿蔔、番薯、馬鈴薯等。它們含有大量的澱粉或糖類，能為人體提供許多熱量。

知識加加油 ❷

植物的根通過土壤裏細微的孔吸取空氣。這些空氣能一直到達植物的頂部，供植物生長所需。如果有蚯蚓幫忙鬆土，使孔變大，效果就更好了。

蘇鐵真的千年才開花嗎？

　　公園裏，一棵小草和蘇鐵成了鄰居。有一天，蘇鐵開花了。小草覺得不可思議，問蘇鐵：「聽說蘇鐵要一千年才開花呢！你現在開花了，是不是你已經一千歲了？」

　　蘇鐵一聽，笑了起來：「哈哈，我今年才 20 歲。」

　　原來，蘇鐵對氣候環境的要求十分苛刻，它必須在適宜的環境中才能開花和結果，否則只會生長而不會繁殖。因為

蘇鐵

蘇鐵生長極慢，壽命可長達幾百年，人們總是習慣地稱它為「千年蘇鐵」。其實，在南方的氣候環境下，蘇鐵生長十幾年就能開花了。

知識加加油 ❶

　　生長在中國海南省三亞市的一棵蘇鐵已經二千多歲了，是目前世界上最長壽的蘇鐵。樹冠面積達 33 平方米以上，相當於一個教室那麼大呢！

知識加加油 ❷

　　一般的植物對鐵的成分需求不大，自己就能攝取到足夠的分量。蘇鐵卻不同，它需要大量的鐵。因此，在蘇鐵上釘一根含有鐵元素的釘子，可以使它長得更加茂盛。

無花果真的沒有花嗎？

洋洋很喜歡吃無花果。有一次，媽媽買回來一大包無花果，洋洋一口氣就吃了大半包！

爸爸問洋洋：「洋洋，你那麼喜歡吃無花果，可知道無花果的花藏在哪兒嗎？」

洋洋聽了爸爸的話，拿起一顆無花果，左看右看地看了半天，說：「它叫無花果，怎麼會有花呢？」

事實上，無花果也有花，只是它的花很小，肉眼很難看見。如果把無花果的肉球切開，用放大鏡來觀察，就可以看到裏面有無數的小球，小球中央有孔，孔內生長着無數茸毛狀的小花。

無花果是看似無花卻有花啊！

大多數植物靠昆蟲傳播花粉，無花果也不例外。它是靠一種叫小山蜂的昆蟲來傳播花粉的。這種昆蟲非常小，肉眼難以看見。

有一種叫脣形花的奇特花卉。它生長在熱帶地區，顏色紅紅的，外形像人的兩片嘴脣，因此得名。脣形花靠紅紅的「嘴脣」吸引昆蟲來授粉。它真正的花朵開在脣形中間很小的地方。

23

為什麼牡丹被稱為「花中之王」？

春天來了，花園裏開滿了各種鮮花。小強看到了一朵很大很漂亮的花，卻不知道叫什麼，急忙去問爺爺。

爺爺說：「這就是牡丹呀，它是『花中之王』呢！」

「為什麼牡丹叫『花中之王』呢？」小強感到疑惑。

在花的王國裏，牡丹以花朵碩大、色彩豔麗、芳香濃郁而盡顯高雅華貴；它有白、黃、粉紅、紅、紫、綠六大色系，素有「國色天香」的美稱；唐朝以來，牡丹被人們視為富貴吉祥、繁榮興旺的象徵，所以被稱為「花中之王」。

知識加加油 ①

傳說有一年冬天，女皇帝武則天要去賞花，可那個時節只開着蠟梅和水仙。她寫了一首詩，召喚天上的花神讓人間百花盛開。次日清晨，花園裏果真百花齊放，唯獨牡丹沒有開花。武則天大怒，將牡丹貶到洛陽。牡丹來到洛陽後，非常喜歡那裏的氣候，所以開得異常漂亮。

知識加加油 ②

牡丹大都是紅色或白色的，而生長在西藏的大花黃牡丹卻是黃色的。這種牡丹只生長在西藏，數量稀少，因此非常珍貴，屬於國家二級保護植物。

為什麼荷葉上會有「小珍珠」？

夏天的雨後，空氣特別涼爽，小諾和媽媽來到公園散步。池塘裏的荷花開得漂亮極了，荷葉上的水珠晶瑩剔透，在葉面上滾來滾去。

小諾像發現了新大陸，大叫着：「媽媽，為什麼荷葉上的水珠像一顆顆圓滾滾的珍珠？」

　　媽媽笑着說:「那是因為荷花的葉面很特別。」

　　原來,荷葉表面長着密密麻麻的茸毛。當雨水落在茸毛上時,雨滴不容易散開,便在荷葉上滾來滾去,看起來就像會滾動的珍珠一樣。

為什麼蘋果削皮後會變色？

　　小東爸爸正在給小東削蘋果，突然接到小東媽媽打來的電話，父子二人便出門去接小東媽媽了。等他們回來時，小東發現削過的蘋果變成了咖啡色！

　　「蘋果剛削好時不是這種顏色的！」小東感到很奇怪，拿着蘋果去問爸爸：「爸爸，為什麼削好的蘋果會變色？」

小東爸爸給小東找了一本科普圖書，小東從書中找到了答案。原來，蘋果的果肉裏含有一種叫單寧酸的物質。用小刀削皮時，單寧酸就和刀刃上的鐵質發生化學反應，生成一種深色的物質覆蓋在果肉的表面。除了單寧酸，蘋果裏還含有氧化酶，被削去表皮的蘋果，在氧化酶的催化作用下，它的果肉也會變色。

蔬菜能為人體提供哪些營養？

　　在超市裏，蔬菜和豬肉做了鄰居。豬肉對蔬菜說：「我們豬肉不僅味道鮮美，而且營養豐富，人們喜歡我們是很正常的事情。可我不明白，你們蔬菜長得清清瘦瘦的，身上只有些水分而已，為什麼還有那麼多人喜歡呢？」

蔬菜聽了豬肉的話，不服氣地說：「誰說我們只有水分，我們具有人體必需的許多營養成分呢！」

原來，蔬菜含有豐富的維他命和礦物質，有助於增強身體免疫力。其中的膳食纖維，能促進人體腸胃蠕動，幫助消化。蔬菜中含有大量胡蘿蔔素和維他命 C，可促進皮膚細胞代謝，使皮膚光潔亮麗。記住，多吃蔬菜少生病啊！

知識加加油 ①

同樣一種蔬菜，在不同的季節，味道也會有所不同。一般來說，春季蔬菜的味道淡而鮮美；夏秋時節，蔬菜略帶苦味；冬季的蔬菜有點黏，略帶甜味，特別好吃。

知識加加油 ②

菠菜營養豐富，但不適宜與豆腐同煮。因為豆腐中含有豐富的蛋白質，而菠菜中含有一種叫草酸的物質。蛋白質與草酸結合，會導致鈣流失，甚至會結成像小石子那樣的東西，留在體內。

為什麼菠蘿要在鹽水中浸過才好吃？

小惠特別喜歡吃菠蘿，金黃的菠蘿又甜又多汁，味道真不錯。可是小惠發現了一個奇怪的現象：媽媽每次把菠蘿削好後，總要放在鹽水裏泡一會兒。難道菠蘿要加調味料才好吃？

原來，菠蘿含有一種叫「菠蘿蛋白酶」的物質。這種物質

會刺激口腔黏膜和嘴唇表皮，吃後嘴裏有一種輕微的刺痛和發麻的感覺，而食鹽能抑制菠蘿蛋白酶的活力。因此，吃用鹽水浸泡過的菠蘿時，嘴巴和舌頭不僅不會發麻，反而會覺得甜。吃菠蘿，記得用鹽水泡一泡啊！

知識加加油 ❶

菠蘿也叫「鳳梨」、「黃梨」，生長在氣候溫暖的地區。菠蘿含有大量果糖、葡萄糖、維他命、磷、檸檬酸和蛋白酶等物質，具有解暑止渴、消化食物和止瀉的功效。

知識加加油 ❷

要是室內有異味，不妨擺個菠蘿。全個菠蘿密布着空隙和粗纖維。這些空隙和粗纖維具有強大的吸附作用，可以吸收對人體有害的二氧化碳，釋放出氧氣，使室內保持充足的氧氣。

為什麼苦瓜是苦的？

彤彤放學回到家，見祖母正在廚房忙着，便急切地問：「祖母，今天你會煮什麼好吃的？」

祖母舉起手中的苦瓜，說：「天氣熱，今天我煮這個最合時！」

彤彤扁起嘴巴說：「這瓜很苦，一點都不好吃。我可不想吃呢！」

祖母告訴彤彤：「苦瓜內含有苦瓜苷和苦味素，所以我們吃起來會感覺到苦。但是苦瓜對人體健康很有益處，它不但可以成為餐桌上的佳餚，還能製成中藥，有清心明目、清熱解毒的功效，暑天吃了有防病消暑的作用呢！」

　　「真的嗎？今天我要嘗一嘗。」彤彤說完，忙着幫祖母去擦桌子、放碗筷了。

知識加加油

　　苦瓜帶有苦味，但若和其他食物伴炒，不會把苦味傳給同伴。例如，做一道苦瓜燜排骨，排骨上不會沾有苦瓜的苦味。

謎語猜猜看

身子長，外表綠，
遍體長着小顆粒。
有人見了皺眉頭，
有人見了樂開花。

（謎底：苦瓜）

為什麼士多啤梨身上有小黑點？

　　吃過晚飯，媽媽端上來一盤士多啤梨。珍珍吃了一顆，嘩，真甜！她忍不住又一連吃了好幾顆。

　　突然，珍珍停住不吃了，眼睛直愣愣地看着士多啤梨。媽媽覺得奇怪，問：「珍珍，你怎麼啦？」

　　「媽媽，怎麼每顆士多啤梨上都有許多小黑點。難道這些都是士多啤梨的種子嗎？」

媽媽拿起一顆士多啤梨，指着上面的小黑點，搖搖頭說：「你說對了一半。」

原來，每一朵士多啤梨花裏長有許多雌蕊，每個雌蕊都發育成一粒小小的瘦果。這些瘦果就是我們看到的士多啤梨上的小黑點，士多啤梨的種子就藏在這些瘦果中。士多啤梨一般是通過植株而不是用種子來繁殖的，因為用種子繁殖的苗很難維持原有的優良特徵。

知識加加油 ❶

清洗士多啤梨時，注意別把蒂摘掉，去蒂的士多啤梨容易使殘留在士多啤梨表皮的污物隨水進入果實內部，造成嚴重的污染。

知識加加油 ❷

有的人喜歡把士多啤梨切成塊，放在乳酪或牛奶裏食用。營養學家認為，這種食用方法太不好，因為士多啤梨中的成分會破壞乳酪和牛奶中的營養成分，影響人體對鈣和蛋白質的吸收。

為什麼牽牛花只在早上開花？

小霞早晨起牀後驚喜地發現：陽台上的牽牛花開了！她到了學校，把這件開心事告訴了好朋友小美。中午的時候，小美來到小霞家，想來看牽牛花。可是她們發現，牽牛花已經凋謝了。

小霞問媽媽：「牽牛花為什麼會這樣呢？早上還開得好好的。」

媽媽告訴小霞和小美，牽牛花只在早晨開花。牽牛花的花冠又大又薄，很容易向外蒸發水分。早晨氣溫低，空氣中的水分比較多，有利於牽牛花舒展又大又薄的花瓣。到了中午，氣溫升高，牽牛花花冠裏的水分迅速蒸發，又不能及時得到根部供給的水分，所以很快就捲起來了。

香蕉有種子嗎？

小猴淘淘很喜歡吃香蕉，每次大家聚在一起分享水果大餐時，牠專挑香蕉，而且吃個清光。不過吃完之後，牠又覺得不好意思。牠想：我把香蕉吃完了，哥哥姐姐就吃不上了。唉，如果我會種香蕉，那該多好啊！

淘淘想着想着，發現了一個小問題：黃黃的香蕉裏怎麼沒有種子呢？

原來，最早的香蕉不僅有種子，而且種子又多又硬，吃起來口感不好。後來，經過長期的人工選擇和培育，人們培植出品質優良的「無籽香蕉」。嚴格地說，現在的香蕉不是沒有種子，而是它的種子就是果肉裏那些像芝麻般的小黑點，已不具備繁殖的能力了。

知識加加油 ❶

近年來，醫學家研究發現，香蕉中的營養素能幫助人腦製造出血清素，這種物質能刺激神經系統，使人鎮靜，促進睡眠，甚至有鎮痛作用。因此，香蕉又被譽為「快樂食品」。

知識加加油 ❷

香蕉屬於高鉀食品，鉀離子可強化肌力和肌肉耐力。而且香蕉的糖分能轉化為葡萄糖，是一種快速的能量來源。

竹子是樹嗎？

　　星期天，小冰一家來到郊外野餐。郊外的小河邊長着茂密的竹子。小冰走到一根斷成兩截的竹子前，蹲下身子仔細觀察起來。

　　「爸爸，你說奇怪不？老師曾經跟我們說過，樹幹裏有一圈一圈的年輪。但我找了好久，卻沒有找到竹子的年輪。」

爸爸笑着說：「小冰，你錯了。儘管竹子長得高大，外形像樹，但它屬於草本植物，不是樹。」

樹莖有一個形成層，能使樹幹內部形成木質，樹幹外部形成樹皮，因此，樹幹才會一年一年地變粗。而竹子的莖內是空的，沒有形成層，所以不能一年年長粗，也不能形成年輪。

問題考考你

竹子是下列哪種動物最愛吃的食物？
A. 灰熊
B. 松鼠
C. 大熊貓

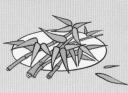

（答案：C）

為什麼有些 樹葉 到了秋天會變黃？

　　秋風送爽，小雨和哥哥放學後來到公園放風箏。小雨抬頭看風箏，看着看着竟然出神了。

　　「哥哥，之前公園裏的樹都是綠綠的，為什麼現在葉子都變黃了？」小雨說出了疑問。

「葉子發綠或變黃，是葉綠素或葉黃素等在起作用。」哥哥說。

原來，葉子裏有很多天然色素，如葉綠素、葉黃素、胡蘿蔔素、花青素等。在春天或夏天，陽光和水分都很充足，綠色的葉綠素很活躍，遮蓋了其他天然色素的顏色，所以葉子看起來是綠色的。到了秋天，陽光減弱，氣溫下降，葉綠素難以生成，黃色的葉黃素、胡蘿蔔素也就顯現出來，所以葉子變得黃黃的。

知識加加油 ❶

傳說在春秋時代，著名的建築師魯班上山砍柴，不小心被一片葉子的小齒劃破了手。他從中得到靈感，發明了鋸子。從此，人們割鋸東西就方便多了。

知識加加油 ❷

植物的葉子有各種不同的形狀：銀杏的葉像扇子，松樹的葉像針一樣尖細，白楊的葉像桃子的形狀，柏樹的葉像堆積在一起的魚鱗。小朋友，你仔細觀察過周圍的植物嗎？它們的葉是什麼形狀的呢？

為什麼花有不同的顏色？

　　院子裏許多花兒都開放了，有紅色的玫瑰，橙色的鬱金香，還有白色的百合。小文問爺爺：「爺爺，為什麼花兒有各種不同的顏色呢？」

　　爺爺笑着回答：「花瓣的顏色由花瓣的色素決定，色素主要有花青素和類胡蘿蔔素等。

花青素能根據酸鹼度的不同和周圍環境温度的高低，形成不同的顏色：遇到酸性物質變成紅色，遇到鹼性物質變成藍色。而黃、橙色花朵的花瓣中含有類胡蘿蔔素。如果花瓣中不含色素，那麼那些花兒看起來就是白色的。」

知識加加油 ❶

在印尼爪哇島的潘格蘭格山上生長着一種奇怪的花，它對火山爆發極為敏感。人們經過長期觀察發現，在火山爆發前，它會開出黃色的花朵，因此，人們叫它「報信花」。

知識加加油 ❷

世界上這麼多種花，到底哪一種花擁有最多的顏色呢？

是月季花！月季花有二萬多個品種，顏色有紅、白、紫、藍、咖啡和混色等。不過，最常見的是紅色。

為什麼大王蓮的葉子能載人？

小輝和爸爸去外地旅遊時，參觀了植物園。啊，池塘裏有一個小孩正坐在一片大大的葉子上呢！

「爸爸，那是什麼葉子？人坐在上面竟然不會沉下去！」小輝好奇極了。

爸爸笑着說：「那是大王蓮的葉子。」

大王蓮的葉面很大，很像浮在水面上的一隻大綠盆。葉子不像荷葉那樣伸出水面，而是平整地浮在水面上。葉面內側有很多氣室；葉子的邊緣向上捲起，能產生較大浮力；葉子背面的構造也非常奇特，葉脈和刺毛長得又粗又大，排列成肋條狀，很像大鐵橋的樑架，有很強的承重力，所以大王蓮能載人。

知識加加油

人們曾經做過一個實驗：在一片大王蓮葉上一碗一碗地倒沙子，一共倒了 75 公斤的沙子，相當於一個成年男子的重量，葉子在水面也絲毫不動。

如果你有機會坐到大王蓮葉上，你會覺得像坐在桌子上一樣安穩。

冬天時，為什麼要在 樹幹 上塗一層白漿？

北風呼呼地吹着，天氣真冷，小偉和媽媽一起走在回家的路上。小偉看見馬路邊一排排大樹的樹幹上都刷了一層白漿，他感到很疑惑，問媽媽：「為什麼要給樹幹塗上一層白漿呢？」

媽媽笑着說：「小偉真細心。這層白漿是樹幹的防護衣。它可以

加速樹木傷口的癒合速度，防止病菌乘虛而入；冬天夜裏氣溫低，白天氣溫高，容易造成樹幹凍裂，這層白漿能反射陽光，使樹木晝夜溫度相對穩定，不易裂開。此外，白漿也能殺死樹皮內的蟲卵。」

知識加加油 ❶

在意大利西西里島的埃特納火山邊，有一棵叫百馬樹的大栗樹。它樹幹粗大，需要三十多個成年人手牽手才能圍住。這棵樹的底部有個大洞，採栗子的人把那裏當成宿舍或倉庫。

知識加加油 ❷

紡錘樹的樹幹像一個大蘿蔔，不過要比蘿蔔大成千百倍。雨季時，它的樹幹能儲存大量水分，就像一個水庫。等到旱季時，它就「飲用」這些儲存的水。

為什麼仙人掌不怕乾旱？

老師向小朋友們介紹沙漠裏的植物，他說仙人掌是少數能在沙漠裏生存的植物之一。

「沙漠乾旱缺水，為什麼仙人掌能夠在那裏生長呢？」力力舉手提問。

老師耐心地解釋道：「仙人掌的葉子已退化成刺，莖的表面有一層厚而硬的蠟質保護層，使得仙人掌體內的水分不易蒸發掉。同時，它的根非常發達，能充分吸收地下的水分。下雨時，它的根會快速長出新根，大量吸收水分，使植株迅速生長。」

力力聽懂了，他點點頭說：「仙人掌有這麼多對付乾旱的本領，難怪它能在沙漠裏頑強地生存。」

為什麼 銀杏樹 被稱為「植物中的活化石」？

老師帶着小朋友們到植物園參觀。他們來到一棵高大的銀杏樹下，老師指着樹上掛着的小牌說：「這是國家重點保護植物。」小敏不解地問老師：「銀杏樹為什麼能被評為『國家重點保護植物』呀？」

老師向小朋友們解釋道：「早在兩億多年前，地球上還沒有樹種時，就有銀杏了。到了冰川時期，地球

重點
保護植物

上大部分地區的銀杏都被毀滅了，只在中國部分地區還有小量存活。銀杏保留了植物的許多原始特徵，如葉子不分正反面，兩面都是一模一樣的，這種形態在已經進化的植物中是很難見到的，所以它被人們稱為『植物中的活化石』。」

知識加加油 ❶

　　當你仔細觀察地上的一些落葉時，會發現它們大多是正面着地的。原來，葉子正面密度大，分量重；背面則密度小，分量輕。當葉子落下時，分量重的一面就會朝下，所以葉子總是正面着地、背面朝上。

知識加加油 ❷

　　相傳在南嶽衡山的福嚴寺中，生長着一棵近二千年的銀杏。早在一千四百多年前，中國佛教天台宗三祖慧思和尚，曾用艾火在這棵銀杏的樹幹上炙了幾個疤痕，讓它同時受戒「出家」。

為什麼
光棍樹不長葉子？

　　小念吃完晚飯後，來到書房看書。他看到了書上介紹的一種非常奇特的樹，名叫光棍樹。從圖片中可看到，光棍樹光禿禿的，沒有葉子。

　　小念拿着書本去問爸爸：「爸爸，這種光棍樹為什麼不長葉子呢？」

爸爸笑着說：「光棍樹也長葉子，只是葉子非常小，而且很快就會枯萎掉。」

原來，光棍樹源自非洲，那裏氣候乾旱，雨水稀少。光棍樹為適應那裏的環境，在進化過程中葉子慢慢變小，以減少水分的蒸發。光棍樹利用綠色的嫩枝代替葉子完成光合作用，從而吸收陽光、空氣和營養。

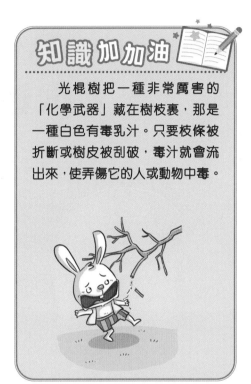

知識加加油

光棍樹把一種非常厲害的「化學武器」藏在樹枝裏，那是一種白色有毒乳汁。只要枝條被折斷或樹皮被刮破，毒汁就會流出來，使弄傷它的人或動物中毒。

問題考考你

光棍樹幾乎沒有葉子，它用什麼來進行光合作用呢？

A. 根

B. 嫩枝

C. 樹幹

(答案：B)

為什麼草原上很難見到大樹？

　　小江和爸爸來到內蒙古草原旅遊。啊！遼闊的草原一望無際，牛羊在草地上奔跑吃草。小江極目遠望，產生了一個疑問：為什麼草原上都是草，很少有大樹的蹤影？

　　知識淵博的爸爸告訴小江：「那是因為草原不能滿足樹木生長的條件啊！」

樹木生長需要滿足兩個條件：一是要有一定厚度的土層，讓根能深扎在地下，吸收土壤中豐富的水分和養料；二要有足夠的水分，草原上的泥土厚度通常只有20厘米左右，再往下就是堅硬的岩石層。由於土層淺，樹木很難扎根生長，所以草原上很難看到大樹的蹤影。

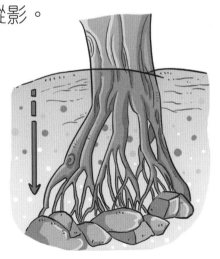

知識加加油❶

非洲草原一年中只有旱季和雨季兩個季節。雨季草原上生機勃勃，旱季則草木凋零，炎熱難耐。

知識加加油❷

在馬達加斯加草原上，生長着一種猴麵包樹。當果實成熟時，猴子會成羣結隊地來到樹上摘果子吃，這樹因此得名。

為什麼移植樹木時要除掉一些枝葉？

　　峯峯和祖母在公園裏散步，公園裏不知道什麼時候多了好多新栽種的樹木。

　　峯峯發現，那些新栽種的樹木有一個共同的特點：大部分枝葉都被剪去，只剩下很少。「為什麼要把這些枝葉剪去呢？」峯峯問祖母。

祖母說：「樹枝和樹葉越多，水分蒸發得也越多。」移栽樹木時，樹根會受到一定程度的損傷，不能給樹葉和樹枝輸送充足的養料。為了減少樹木的水分蒸發，盡可能保存養料來維持生命，人們才會將樹幹以上的大部分枝葉剪掉。

知識加加油 ①

非洲盧旺達有一種「笑樹」。它的每一個樹枝都長有一個形狀像鈴鐺的小果子，果子裏生有許多小滾珠似的堅硬種子。這些種子能在果殼裏滾動。微風吹來，種子碰着果殼，人們便會聽到從樹上傳來「哈哈哈」的聲音。

哈哈哈！

知識加加油 ②

鐵樺樹的木質堅硬如鋼，子彈打在樹上，就像打在厚厚的鋼板上，絲毫不會受損。人們常用它替代金屬材料。

為什麼棉花的花會變色？

　　小威到了家鄉的祖母家，她有一塊棉花地。早上，小威看到一朵朵棉花開着白色的花瓣，像天上飄着的雲朵。下午，小威經過棉花地，發現白色的棉花變成了粉紅色。他非常想知道為什麼，於是去問祖母。

　　祖母笑着說：「那是花瓣裏的花青素在起作用。」

花青素由無色的花青素原變化而來。棉花剛開出花朵時，花瓣裏主要含花青素原和一些白色的色素，所以呈乳白色。中午，氣温升高，花瓣裏的花青素原逐漸變成花青素。棉株這時正處於生長旺盛期，體液呈酸性。花青素在酸性條件下顯現紅色，於是，花瓣便呈現出粉紅的顏色。

知識加加油❶

世界上的棉花除了白色，還有紅、黃、藍等多種顏色。在秘魯，生長着一種有趣的棉花，它能長出灰色、紫色、褐色、米色和白色五種天然的顏色。目前，科學家們已培育出多種彩色棉花。

知識加加油❷

古時候，歐洲人習慣從羊的身上獲取羊毛來製作衣物。所以，最初他們聽說棉花是種植出來的時候，還以為棉花來自一種特別的羊，以為這種羊是從樹上長出來的。在德語裏，「棉花」的直譯就是「樹羊毛」。

曇花一現是什麼意思？

晚上八點左右，寧寧家的曇花開了，潔白如雪，輕盈舒展，非常漂亮。在一旁欣賞的寧寧跟爺爺說：「爺爺，明天我們給曇花拍張照吧！」

爺爺笑着說：「傻孩子，曇花只在晚上八點到十二點開放，而且只開一會兒就凋謝！」

曇花原產於墨西哥乾旱地區，它只在晚上開放，是為了避免烈日照射；開花時間短，也是為了減少水分蒸發。曇花屬於蟲媒花，依靠小昆蟲來傳授花粉。沙漠地區晚上八、九點鐘，正是昆蟲活動頻繁的時間，此時開花最有利於授粉。由於這兩個原因，曇花在漫長的進化過程中，逐漸形成了這種特殊的開花習性，也就有了「曇花一現」的說法。

知識加加油 ❶

曇花還有一個奇怪的特性：從同一母株分出來的花，不管種在什麼地方，都會在夜間同時開放。開花時，整株植物都會微微振動，似乎在使勁撐開花瓣。

知識加加油 ❷

「曇花一現」這個成語原本比喻事物稀有或難得出現。隨着時間的推移，這個成語的意義漸漸發生了變化，人們常常用「曇花一現」比喻事物出現之後很快就消逝。

海裏的植物
能吸收到陽光嗎？

　　課堂上，老師向小朋友們介紹有趣的植物知識。小歡有一個問題不明白，他舉手提問：「老師，你剛才說植物需要陽光才能生存。那麼海裏是不是也有一個太陽啊？」

　　老師說：「海裏當然沒有太陽啦！」

這下，小歡更不明白了：「海裏有水草、紅樹等，這些植物是怎樣吸收陽光的呢？」

老師解釋，陽光能穿透水面，水下的植物也能進行光合作用。

太陽光中的可見光有紅、橙、黃、綠、藍、靛、紫七種。這七種光的波長不一樣，按順序排列，紅光的波長最長，紫光的最短。這些太陽光在海水裏照樣可以傳播，但到達的深度不同。這樣，海裏的植物就可以依次吸收到自己需要的陽光啦！

知識加加油

黑色花能吸收所有色光，在陽光下升溫很快，花的組織易受傷害。此外，黑色花因為顏色太暗，很難吸引昆蟲來傳粉，久而久之，很多種類都被淘汰了。所以，自然界中黑色花極少見。

怎樣判斷 樹木的年齡？

丁丁和爸爸在看電視。電視上報道了一則新聞：颱風將一棵三百歲的古樹連根拔起。

「爸爸，樹像人一樣也有年齡嗎？」丁丁好奇地問。

「是啊，樹也是有年齡的。看，那棵被颱風吹倒的樹就有三百歲了。」爸爸笑着解釋道。

「樹木不會動，也不會說話，我們怎麼知道每棵樹的年齡呢？」丁丁還是想不明白。

爸爸告訴丁丁，判斷樹木的年齡，可以通過觀察樹幹的橫切面，上面的環形紋路就是樹木的年輪。樹木每年都會長出新的枝葉，同時樹幹也會加大一圈，這樣就自然地形成了年輪。有多少個圈，就代表樹木有多少年輪，也就是我們通常說的多少歲。

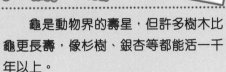

龜是動物界的壽星，但許多樹木比龜更長壽，像杉樹、銀杏等都能活一千年以上。

知識加加油 ❷

北京天壇的回音壁的西北側，矗立着一棵奇特的柏樹。它高 18 米，已經有近 600 歲了。許多幹紋從上往下糾纏在樹幹上，好像有很多條巨龍纏繞着，因此得名「九龍柏」。

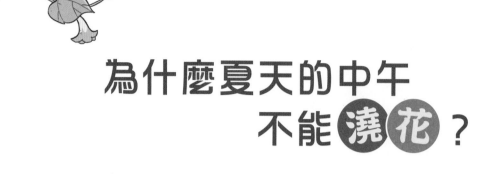

為什麼夏天的中午 不能澆花？

夏天的中午，天氣炎熱，強烈的陽光刺得人睜不開眼。

「咦，陽台上那些花怎麼都垂着頭呢？」小米抬頭望向窗外，覺得很奇怪，「它們是不是渴了？」他拿起噴水壺，想給花澆水。

媽媽看見了，連忙阻止道：「夏天時，可不能在中午給花兒澆水啊！」

媽媽給他講了一番種花的常識。原來，夏季天氣炎熱，中午氣溫很高。這時候給花兒澆水，周圍的土壤會驟然降溫。由於溫差變化巨大，嬌嫩的花兒會因吃不消強烈的刺激而死掉。夏天適宜在早晨或傍晚溫差不大的情況下，給花兒澆水。

知識加加油

想要讓家裏的植物長得好看一些，可以採用下面幾種方法：

① 用洗米水澆花。洗米水含氮、磷、鉀等微量元素，既是複合肥料，又是溫和的有機肥料，不傷花根。

② 將蛋殼壓碎埋入花盆中，可以使植物生長茂盛。

③ 用喝完的茶水、茶渣澆花，既能保持土質水分，又能給植物增添氮等養料。

為什麼水果會有不同的味道？

熊媽媽買回來許多水果，有西瓜、檸檬、蘋果、香蕉⋯⋯

「我喜歡吃味道酸甜的蘋果，祖母喜歡吃甜甜的西瓜，爸爸喜歡吃酸酸的檸檬。」小熊開心地忙着給大家分水果。突然，牠想到了一個有趣的問題：為什麼水果會有不同的味道呢？

糖

澱粉

醋酸

蘋果酸

媽媽告訴牠，這是因為植物果實的細胞中含有各種不同味道的成分。

果實裏含有糖或澱粉，就會帶有甜味。雖然澱粉不甜，但它被唾液中的澱粉酶分解後，就會變成有甜味的麥芽糖和葡萄糖。如果果實中含有醋酸、蘋果酸、檸檬酸等，就帶有酸味。要是果實中含有生物鹼，吃進嘴裏的味道就是苦的。

知識加加油 ❶

「噴瓜」原產地在歐洲，果實很像大黃瓜。噴瓜成熟後，如果受到觸動，會像鼓足了氣的氣球被刺破一樣，「砰」的一聲爆裂。噴瓜爆裂時的力量很猛，可以把種子噴出 17 米遠。

知識加加油 ❷

榴槤的味道很特殊，有人愛也有人怕。據說當年鄭和下西洋時，在馬來西亞的岸上發現了一堆奇果，便拾了幾個給大家品嘗。許多船員吃了稱讚不已，一時竟把想家的念頭也忘了。船員問是什麼水果，鄭和隨口說是「流連」，後來人們就把這種水果稱為「榴槤」。

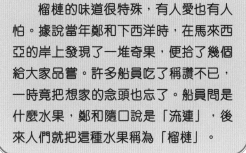

香氣有毒？

為什麼**夜來香**不宜放在睡房裏？

爺爺從花店買回來一盆夜來香。晚上，夜來香發出陣陣濃郁的香氣，小業好喜歡聞這香氣！

小業跑去問爺爺：「爺爺，能不能把這盆花送給我？我想把它放在我的睡房裏，這樣我就可以聞着花香入睡了。」

爺爺笑着搖搖頭，說：「夜來香不宜放在睡房裏！」

「為什麼？難道這香氣有毒？」小業不明白其中的道理，爺爺讚小業愛動腦筋。

夜來香香氣濃郁，但這種香氣是一種廢氣，含有一定的毒性，人體若大量吸入會有害，所以不宜擺放在睡房。

我們可以把夜來香放在通風的走廊或窗台上，這樣既能聞到花香，又能避免濃烈的香氣被吸入體內。

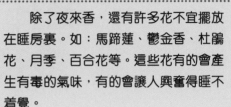

知識加加油 ❶

除了夜來香，還有許多花不宜擺放在睡房裏。如：馬蹄蓮、鬱金香、杜鵑花、月季、百合花等。這些花有的會產生有毒的氣味，有的會讓人興奮得睡不着覺。

知識加加油 ❷

別以為花兒散發出來的都是香味，巨花魔芋上的花兒散發出來的卻是一種讓人作嘔的臭味。巨花魔芋正是利用這股臭味，吸引蠅蟲來授粉。

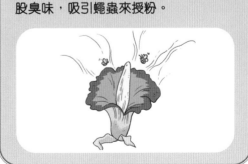

為什麼椰子樹多長在海邊？

南南和媽媽到海南島旅遊。看着海邊那一棵棵高大的椰子樹，南南非常激動。她還是第一次看見椰子樹呢！

「媽媽，為什麼只有在海邊才能見到椰子樹？」南南覺得很奇怪。

媽媽笑着解釋道：「其實椰子樹並不一定只長在海邊，只是海邊的環境特別適合它們生長。沿海島嶼水分充足，土壤的養料豐富，同時含有大量鹽分，而椰子樹特別喜歡含有鹽分的土壤。這樣的水土，再加上適當的溫度、充足的陽光，椰子樹就會長得特別好。」

知識加加油

椰子的果實成熟後掉在水裏，會像皮球一樣漂浮在水面，並隨着海水漂流到數千米以外的地方，不會腐爛。當它們碰到淺灘，或被海潮沖向岸邊後，會在適宜的環境中發芽生長。

夏天時，為什麼 樹 林 裏比較涼快？

老師帶小朋友們去植物園郊遊。雖然是炎炎夏天，烈日當空，但在樹林裏一點也不覺得熱。

明明忍不住問老師：「老師，為什麼在樹林裏會比外面感覺涼快？難道樹林裏有冷氣？」

老師笑着說：「是啊，樹林裏的樹就是冷氣機！」

人們感覺樹林裏比較涼快，是因為樹木有蒸騰作用。它能將水分從植物的表面以水蒸氣的狀態散發到大氣中。樹上的葉子不斷散發出水分，就像在空中噴水一樣。水分帶走了人體表面的溫度，所以，人會感到涼快。同時，樹林裏茂密的葉子遮擋了陽光的照射，阻止了地面溫度的上升。

知識加加油

最大的葉子是生長在智利森林裏的大根乃拉草，它的一片葉子能把三個並排騎馬的人，連人帶馬都遮蓋住。

最長的葉子是一種叫長葉椰子的熱帶植物，它的一片葉子有27米長，豎起來有七、八層樓房那麼高。

最長壽的葉子是沙漠地區的百歲蘭，雖然它只有兩片葉子，但每一片葉子都可以活幾百年甚至上千年。

樹木可以無限長高嗎？

　　樹林裏，有一棵小樹望着身邊一棵參天大樹，羨慕地說：「大樹爺爺，你長得真高啊！」

　　大樹慈祥地低頭對小樹說：「只要你吸收足夠的養分，也會長得很高！」

小樹聽了很納悶：「我在長高時，你也在長高啊，我永遠都不可能超過你。」

大樹聽了，呵呵樂道：「我們樹木是不可能無限長高的，我就只能長這麼高了。」

原來，樹木長得過高，水分、養分等就難以輸送到樹頂；長得過高，還容易遭受狂風、雷電等自然災害的破壞；而且，樹木因本身的支撐能力有限，所以不可能無限長高。

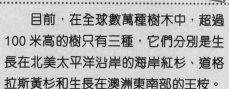

目前，在全球數萬種樹木中，超過100米高的樹只有三種，它們分別是生長在北美太平洋沿岸的海岸紅杉、道格拉斯黃杉和生長在澳洲東南部的王桉。

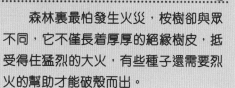

森林裏最怕發生火災，桉樹卻與眾不同，它不僅長着厚厚的絕緣樹皮，抵受得住猛烈的大火，有些種子還需要烈火的幫助才能破殼而出。

為什麼洋蔥的氣味會讓人流淚？

　　媽媽接小美放學回家後，就到廚房裏準備晚飯。小美放下書包，來到廚房倒水喝，卻看到媽媽一邊切洋蔥，一邊在抹眼淚。

　　「媽媽，你是不是身體不舒服？」小美關心地問。

「我沒事，只是被切開的洋葱熏得忍不住流眼淚。」媽媽連忙解釋。

切洋葱也會流眼淚？原來，洋葱裏含有一種叫蒜胺酸酶的物質。當洋葱被切開時，它就會轉化為一種氣體狀的化學物質，釋放到空氣中。這種物質能刺激眼角膜的神經末梢，使淚腺分泌出眼淚。

知識加加油 ❶

洋葱好吃，但吃過以後嘴裏會有一股難聞的味道，即使刷牙也很難把味道去除。這時不妨吃一盤沙律，因為生的蔬菜和水果裏有一些物質，可以去除洋葱的怪味。

知識加加油 ❷

切洋葱時不想流淚，可以試試下面幾種辦法：

① 在流動的水中切洋葱。

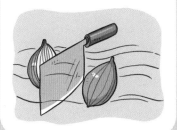

② 在切洋葱前把它放到冰箱中冷藏一段時間，使刺激性氣體揮發得較少。

為什麼水果大多是圓形的？

秋天到了，媽媽帶君君去鄉下外婆家。外婆家種着很多蘋果樹，樹上結滿了又圓又大的蘋果。媽媽幫外婆摘蘋果，君君幫着把摘下來的蘋果放進竹籮。

看着一個個圓圓的大蘋果，君君像個科學家一樣開始思考起來：蘋果、西瓜、李、石榴……我們見到許許多多的水果，為什麼都是圓形的呢？君君去向媽媽請教。

媽媽告訴君君：「這是植物適應自然的一種表現。圓球形能減輕風雨對水果的打擊力量；圓球形的表面使水果的水分蒸發降至最少，有利於果實的生長發育；害蟲不容易在圓球形的表面立足，也就減少了果實生病的機會。」

知識加加油 ❶

榴槤被稱為「熱帶果王」。它的果肉含有多種維他命，營養豐富，味道獨特。而山竹幽香氣爽，滑潤不膩，與榴槤齊名，被譽為「果中皇后」。

知識加加油 ❷

市面上有一種方形西瓜。它並不是一個獨特品種，而是人們把幼小的西瓜裝在一個方形模盒裏，讓它在模盒裏生長而成的。

森林中的落葉需要清除嗎？

威威跟爸爸去外地旅行，一起去森林公園欣賞秋天的美景。寒風陣陣，公園的樹木下、小路上鋪了一層厚厚的落葉。它們是秋之精靈，颯颯地發出秋之音調，塗抹出秋天的色彩。

「這麼多落葉，負責清掃的叔叔和姨姨可要忙透了！」威威有點擔心。

「哈哈，你錯了！」爸爸笑着說，「森林裏的落葉是不用清掃的。」

森林中的枯木落葉是小鳥和昆蟲的天然生活場所，它們還肩負着保護森林不受害蟲侵犯的責任。如果把落葉清掃乾淨，害蟲便會趁虛而入。落葉還能分解出有機物質，為樹木提供養分；未被完全分解腐化的枯葉，也可成為森林中一些昆蟲的食物。所以，清掃森林裏的落葉，反而會破壞這裏的生態呢！

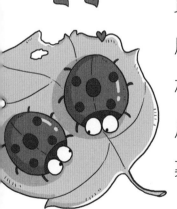

知識加加油 ❶

森林對於環境的調節作用非常大。雨水充沛時，森林中的各種植物利用根來貯水；雨水稀少時，這些植物又會緩慢地釋放水分。因此，人們把森林比作巨大的「水資源調節器」。

知識加加油 ❷

世界上最大的熱帶雨林是亞馬遜熱帶雨林，佔地約 700 萬平方公里。充沛的雨水、潮濕的氣候和長時間的強烈日照，為那裏的植物生長提供了得天獨厚的條件。亞馬遜熱帶雨林的植物品種繁多，被稱為「生物科學家的天堂」和「地球之肺」。

植物「吃」什麼？

松鼠媽媽帶着小松鼠到樹林裏摘果子。小松鼠看看小樹，又看看周圍的大樹，好奇地問：「媽媽，小樹不會走也不會動，但長得又高又大。它們是吃什麼長大的呢？」

松鼠媽媽說：「植物的食物非常簡單，那就是陽光、空氣和水。」

植物吸收土壤中的水分時，把溶解在水裏的鉀、氮、鈣等多種礦物質和其他養料也吸收了進去。同時，植物也吸收陽光，製造葉綠素，還要利用陽光和空氣中的二氧化碳，製造出植物生長所需的糖類等物質。

知識加加油 ❶

傳說中有一種名叫「莫柏」的樹，它的枝條非常柔軟。一旦有人或動物觸碰到其中一根枝條，它的所有枝條都會伸出來，把獵物緊緊捆住。同時，枝條還會流出一種奇怪的液體，把獵物消化掉。不過科學家現時還未證實這種植物的存在。

知識加加油 ❷

豬籠草看起來像個瓶子，它能分泌出一種又香又甜的蜜汁，從而吸引小飛蟲靠近。因為「瓶口」非常光滑，小飛蟲很容易掉入「瓶底」，最終插翅難飛，成為豬籠草的美食。

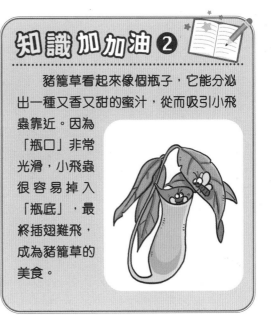

植物也 睡覺 嗎？

晚上忙完家務，媽媽陪圓圓玩了遊戲一會。快到九點了，媽媽對圓圓說：「時間不早了，花兒、樹木都睡覺了，我們也去睡覺吧！」圓圓好奇地問：「媽媽，植物也像人一樣，每天要睡覺嗎？」

媽媽笑着說：「那當然啦！植物和人一樣，也是要睡覺的。」

有些植物的葉子或花朵會晝開夜合，有些是夜開晝合，這一現象叫作「睡眠運動」。植物的睡眠運動是由周圍環境引起的，是植物的一種自我保護方式。從白天到黑夜，會出現光線明暗差異顯著、氣溫高低懸殊、空氣濕度大小不同等情況，睡眠運動是植物適應環境變化的結果。

知識加加油 ❶

植物也像人一樣有「血型」（體液的類型），而且不同種類的植物有不同的血型。比如大葉黃楊為 B 型，蘋果、山茶為 O 型，葡萄、楓樹為 AB 型。植物沒有紅血細胞，但有類似於人體中附在紅血細胞表面的血型物質——血型糖，不同的血型糖決定不同的血型。

知識加加油 ❷

在中國西雙版納的熱帶雨林裏，生長着龍血樹。它被割破後，會流出紫紅色的樹汁，就像人體流血一樣。

驅蚊草真的能趕走蚊子嗎？

夏天來了，蚊子漸漸多了起來。彤彤的身上經常被蚊子咬得腫腫呢！

「彤彤，爸爸買來一盆驅蚊草，這下不用怕蚊子咬了。」爸爸下班一回到家，就向彤彤展示這盆奇特的植物。

「驅蚊草？是不是可以趕走蚊子的草呢？」彤彤第一次聽說這種植物。

「是啊！有了它，蚊子會少很多！」爸爸回答道。

驅蚊草中有一種蚊子不喜歡的物質——香茅醛。這種物質會隨着驅蚊草的釋放系統，源源不斷地釋放到空氣中。蚊子一聞到這種氣味，就不想再靠近，這樣便達到了驅蚊的目的。驅蚊草並不是自然界中本來就存在的，而是人們通過基因技術將具有驅蚊效果的香茅醛，植入到一種香草類植物中，最後培育成驅蚊草。這種草適宜放在室外，也可短時間放入室內驅蚊。

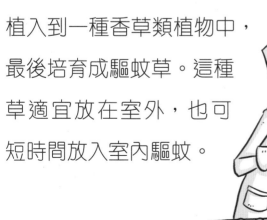

蒲公英是怎樣傳播種子的？

森林裏的小動物們正在玩遊戲。忽然，小刺蝟發現草地旁邊有一棵開着毛茸茸球狀花的植物。當風吹過的時候，那些球狀花像一個個小降落傘飄在空中，可愛極了。

山羊老師笑着走過來說：「那是蒲公英。它們隨風飛舞，是在傳播種子呢！」

蒲公英的「降落傘」，其實就是種子上一簇白色的冠毛。風一吹，這些冠毛就會借助風的力量，幫助種子飛到其他地方去。「降落傘」飄落在什麼地方，種子就被帶到什麼地方，在那裏長出新的蒲公英。

知識加加油

別以為種子沒有腳，就不能移動。其實，種子有很多種移動的方法呢！

① 掉落。例如果實從樹上掉落到地面上，自然界中大多數植物都靠這種方式繁殖。

② 自己破裂。如鳳仙花，果實外殼爆裂時，種子會飛出來。

③ 乘風飛揚。如蒲公英，依靠風的力量，把種子帶到別處。

④ 被動物吃掉。一些果實被吃掉後，因無法被消化而隨動物的糞便排出。

⑤ 黏在動物身上。如蒼耳子（俗稱黐頭芒），本身具有特殊的構造，容易黏到動物的身上，隨動物移動。

⑥ 在水上漂浮。如蓮，種子隨着水的流動而移動。

為什麼花盆的底部 要開一個孔？

　　星期天，爸爸在替植物換花盆。天天看見了，也來幫爸爸一起換泥。他很快發現了一個奇怪的現象：每個花盆的底部都有一個小孔。

　　「爸爸，是誰弄破了小花盆？為什麼每個花盆的底部都有一個小洞洞呢？」天天很驚訝。

「這些小孔是特意設計的。」爸爸笑着說。

原來，植物生長需要空氣和水，但如果水分過多，植物的根就會因長時間泡在水裏而腐爛。在花盆底部開一個小孔，能讓多餘的水從這個小孔中流出去，防止爛根。除此之外，這個小孔還能促使空氣流通，讓植物能順暢地呼吸到新鮮的空氣。

知識加加油 ❶

許多森林植物，如松樹、杉樹等，能分泌出一種具有芳香氣味的物質，這種物質能殺死空氣中的一些細菌。此外，森林裏的空氣還含有一種特殊的分子，能讓人感到清新愉悅。

知識加加油 ❷

美妙的音樂能促進植物生長，因此有人設計了一種音樂花盆。這種音樂花盆的底部有一個簡單的音樂盒，只要按下開關，就能播放出動聽的音樂。這樣植物就可以聽着音樂快樂地生長了。

為什麼「薑是老的辣」？

這天，媽媽做了一盤薑葱雞，小明吃了覺得薑的辣味還不夠。「下次我用老薑來做，味道會更辣。」媽媽笑着說。

小明覺得很奇怪：「難道老薑就會更辣一些嗎？」

媽媽回答道：「老薑確實比嫩薑辣。」

原來，「薑種」被栽到土壤後，會慷慨地將養分供給「薑苗」生長發育；而薑苗不忘薑種的養育之恩，把自己通過光合作用產生的營養物質又輸送回薑種。薑種年齡較老，通稱「老薑」；新生的根狀莖則被稱為「嫩薑」。老薑經過長時間的養分積累，它的「薑辣素」含量比較高，所以味道比嫩薑更辣。

知識加加油 ❶

在生活中，熱薑茶除了禦寒，還有不少保健作用：平時，早晚用生薑水漱口，並在睡前飲一杯薑茶，可促進血液循環；口瘡患者，每日用熱薑水漱口兩三次，幾天後傷口即可收縮並癒合。

知識加加油 ❷

民間有不少與植物、飲食有關的諺語，都有一定的科學依據，一起來看看：
・多吃蘿蔔夏吃薑，不勞醫生開藥方。
・家備小薑，小病不慌。
・大蒜是個寶，常吃身體好。
・早晚兩勺蜜，潤腸舒胃氣。
・辣椒尖又辣，增食助消化。
・常吃蔥蒜，不提藥罐。

為什麼 玫瑰 上有刺？

今天是外婆的生日。一大早，萍萍就和媽媽一起到花店裏去買花，準備送給外婆。

「外婆最喜歡玫瑰花，我們買幾枝吧！」萍萍說着，伸手去拿玫瑰花。「哎喲！」萍萍突然叫了一聲。原來，她的手被玫瑰花的刺插傷了。

「這麼漂亮的玫瑰花，要是不長刺，那該多好啊！」萍萍掩着手指說。

花店的姐姐聽了，笑着說：「玫瑰長刺，是為了保護自己啊！」

玫瑰花的枝條上長着尖利的小刺，是為了保護它的葉子、花朵和芽不受動物的傷害，如防止被鳥類啄食。如果有動物想吃它的葉子或花朵，它的刺就會刺傷來犯的敵人。

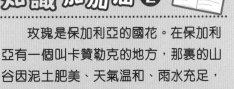

知識加加油 ❶

有一種彩色玫瑰，每片花瓣上都呈現出多彩的顏色。彩色玫瑰是由白色玫瑰培養出來的，將白色玫瑰放入添加了食用染料的水中，通過莖的傳送，使花瓣呈現出不同的顏色。

知識加加油 ❷

玫瑰是保加利亞的國花。在保加利亞有一個叫卡贊勒克的地方，那裏的山谷因泥土肥美、天氣溫和、雨水充足，很適合玫瑰生長。每年六月的第一個星期天，那裏都會舉行玫瑰節，選出玫瑰皇后。

為什麼高山上的花朵特別鮮豔？

爸爸帶着小佳去行山。他們走到了山頂，從山上往下看，全城的景色一覽無遺。小佳開心極了，她不僅欣賞到城市的全貌，還看到了許多盛開的鮮花。

小佳發現高山頂上的花兒比山下的更加鮮豔呢！她疑惑地問爸爸這是為什麼。

爸爸摸了摸小佳的頭，解釋道：「那是因為高山上的花朵受到了更多紫外線的照射。」

高山地區的紫外線非常強烈。植物要正常生長，只有靠自身生成大量的類胡蘿蔔素和花青素來吸收紫外線。由於這兩種色素大量生成，所以高山上的花兒比平地上的花兒更鮮豔。

知識加加油 ❶

高山上的氣溫特別低，一般花朵都不能忍受這樣的低溫。雪蓮能在那麼寒冷的環境中生長，全靠一身白色茸毛。這些茸毛覆蓋在它的莖和葉上，就像加了一件保暖衣。此外，這層茸毛還能遮擋高山陽光的強烈輻射。

知識加加油 ❷

在高山上，我們見不到高大的樹木，只能見到一些伏地生長的植物，像墊子一樣鋪在地上。因為高山上風很大，高大的樹木很容易被吹倒。只有個子矮小的植物，才能適應那裏的環境。

為什麼空心的樹還能繼續生長？

松鼠媽媽帶着小松鼠來到一棵大樹下。松鼠媽媽說：「孩子，這裏有一個樹洞。以後我們就住這裏吧！」

小松鼠看了看樹洞，好奇地問：「媽媽，這棵大樹已經空心了，為什麼還能繼續生長呢？」

松鼠媽媽回答：「因為給樹木輸送營養的管道長在樹皮裏，而不是在樹心裏。樹皮裏有一層組織

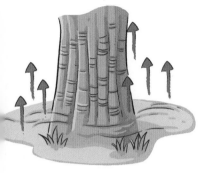

叫韌皮部，水分和養料通過它裏面的管道輸送到樹的全身。只要樹的韌皮部還存在，即使樹幹空心了，整棵樹依然能夠繼續獲得養料和水分，仍能蓬勃生長。但如果傷害到樹皮，裏面的管道被破壞，阻礙了樹的營養和水分的輸送，樹木就會慢慢枯萎。」

知識加加油 ❶

美國加州的巨杉，是樹木中的「巨人」。其中有一棵高達 100 米以上的巨杉，由於樹幹粗大，阻擋了交通，人們就在樹幹基部鑿了一個大洞，讓汽車可穿過樹洞行駛，而這棵樹的生長並未受影響。

知識加加油 ❷

南非的一棵無花果樹，它的根在地底扎得很深很深。據探測，它的根長達 120 米。如果把這棵樹的根掛在空中，足足有 40 層樓那麼高。

蘑菇是植物嗎？

雨後，兔爸爸帶着小兔到樹林裏找食物。小兔發現了幾顆蘑菇，高興地說：「爸爸，我們可以吃這些植物嗎？」

兔爸爸走過去一看，笑着說：「這是蘑菇，可以吃。不過，蘑菇不是植物啊！」

「它是從地裏長出來的，怎麼不是植物呢？」小兔大惑不解。

蘑菇是真菌中的一類。它沒有葉綠素，不像綠色植物那樣依靠光合作用來製造生長所需的養料，而是靠一種絲狀的菌絲來吸取營養。所以，它不是植物。除了蘑菇，香菇、木耳等也都是非常有名而美味的真菌啊！

知識加加油 ❶

瑞士的科學家發現一顆巨大的蘑菇，它覆蓋的區域相當於幾十個足球場那麼大。這顆蘑菇長在瑞士的一個國家公園，它的大部分長在地底。科學家們認為，它長在地底部分的年齡至少已經有 1000 歲了。

知識加加油 ❷

香菇、銀耳、金菇、黑木耳、蘑菇等，都是可食用的真菌，被稱為食用菌。這些食用菌含有豐富的蛋白質，能促進人體對鈣的吸收，提高大腦功能，被人們稱為健康食品。

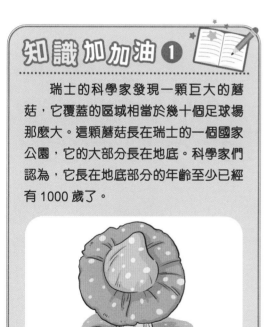

為什麼 樹 木 在冬天不會凍死？

　　天冷了，北風呼呼地刮着，芳芳一直待在院子外面不肯回家呢！芳芳說：「媽媽，我要給小樹穿棉襖，不能讓它凍壞了！」

　　媽媽聽了哈哈大笑，說：「樹木有自己的過冬辦法，

不會凍壞的！」

深秋，天氣逐漸變冷，植物生長的速度也會放慢。這時，植物體內的有機物質會減少。儘管如此，樹木早已在根部儲存了一些備用養料。當冬天到來時，它們就利用這些養料來維持生命。有些樹木利用休眠來度過嚴冬，因為它們具有龐大的根，能伸入土壤吸收養分，所以它們能生存下來。

知識加加油 ❶

在非洲的原始森林裏，有一種名叫辛柯樹的奇特植物。如果在它的樹下出現火光，它的葉子會噴射出白色漿液，把火撲滅。因為它會撲滅樹下產生的火種，所以被人們譽為森林裏的「義務消防員」。

知識加加油 ❷

每到秋冬季節，一些植物會紛紛落葉。一般來說，樹梢上的葉子是最後掉落的。因為樹梢上的葉子平時得到的陽光、水分和養料都比較多，即使根部停止輸送養料，這部分葉子也能依靠之前儲存的養分，繼續維持一段時間。

為什麼睡蓮時開時合？

一天下午，小語跟着爺爺來到公園，他們看到池塘裏有幾朵閉合的粉白色花朵。爺爺說：「那是睡蓮，明天中午它會重新開放啊！」

第二天中午，小語特地和爺爺又來到公園。果然，睡蓮已經完全盛開了。為什麼睡蓮會在一天內開放又閉合呢？

睡蓮的花時開時合，是由太陽的光照決定的。

上午八、九點鐘，睡蓮花朵的外側受陽光照射而生長緩慢，內側因缺少陽光而快速伸展，所以花就開放了；中午，花朵怒放；到了下午，花朵內側受陽光照射而生長變慢，外側則快速伸展，所以花逐漸閉合。到了第二天，太陽升起，它又重新開放。

知識加加油 ❶

睡蓮不僅好看，而且還是難得的淨水植物啊！睡蓮的根能吸收水中的汞、鉛、苯酚等有毒物質，還能過濾水中的微生物，因此被廣泛栽種。

知識加加油 ❷

傳說有一位仙女，她偷偷下凡來到西湖，被西湖的美景吸引住了。王母娘娘知道後，派天兵前來捉拿。仙女離開前，把頭上的玉簪投在西湖中，不一會兒，西湖裏長滿了盛開的蓮花。從此，西湖蓮花年年盛開。

為什麼雨水多了，
瓜果就不甜？

晚飯後，小威和媽媽在一起看電視。電視新聞上說，今年上半年的雨水比往年要多。媽媽聽後感歎：「唉，今年的瓜果不會那麼甜了。」

小威覺得媽媽的話很奇怪，雨水多不多與瓜果甜不甜有什麼關係呢？於是，他向媽媽請教。

媽媽說：「瓜果裏除了水分，主要是糖分，瓜果有足夠的糖分就會甜。這些糖分是葉子在太陽光照射下，通過光合作用製造出來的。如果在生長的過程中，陰雨天多，葉子得不到足夠的陽光照射，就無法製造出許多糖分，瓜果裏合成的糖分就會減少，吃起來就不甜了。」

知識加加油 ❶

蘋果、葡萄、柑橘和香蕉被稱為「世界四大水果」。蘋果的果糖含量堪稱水果之冠；葡萄是當今世界栽培面積最大、產量最多的水果；柑橘具有生津止渴、潤肺止咳等功效；香蕉有防治胃潰瘍的作用。

知識加加油 ❷

水果在飯前一小時或兩餐之間吃，能夠達到最大的功效，因為水果的養分大多是水溶性的，容易被吸收，選擇在這段時間吃，水果的養分容易被消化吸收。

為什麼植物也有「寄生蟲」？

　　小偉在鄉下大伯的家度假。他隨大伯來到田地，那裏種着許多大豆。大伯一邊走，一邊隨手拔掉一些藤狀的小草。小偉很好奇，問道：「為什麼要把這些小草拔掉？」

　　大伯舉着手中的小草，說：「這些叫菟絲子，它們是植物裏的『寄生蟲』，會妨礙大豆生長。」

植物裏的「寄生蟲」就叫寄生植物，是指那些依靠其他植物生長的高等植物。大多數寄生植物是利用它們特殊的根，從所寄生的植物中吸收水分和營養，或從空氣中吸收水蒸氣，以滿足自身的生長需要。植物一旦被寄生植物纏上，體內的營養就會流失，最後很可能會死亡。

知識加加油 1

從前有個財主，他雇了一名僕人來養兔子。一天，僕人不小心把一隻兔子的脊骨弄傷了。僕人怕財主知道，便偷偷把受傷兔子藏進了豆田。後來他發現，兔子經常去啃一種纏在豆秸（豆類脫粒後的莖）上的野生黃絲藤。沒過多久，兔子的傷就好了。這種黃絲藤便是菟絲子。

知識加加油 2

在熱帶雨林中，榕樹不斷地長出一條條長長的氣根，纏繞在周圍的小樹上，並向下延伸，扎進土壤裏。那些被榕樹的氣根纏繞上的植物，最終因得不到陽光和足夠的營養，而慢慢死掉。人們把這種現象稱為「絞殺現象」。

植物也有胎生的嗎？

　　山羊伯伯種了很多佛手瓜。小猴發現了一個奇怪的現象：有些佛手瓜果長芽了！

　　「山羊伯伯，為什麼佛手瓜會長芽？是不是變質了呀？」

山羊伯伯摸了摸鬍鬚，笑着說：「這些佛手瓜沒有變質，好着呢，還在繼續生長！」

原來，佛手瓜的果實成熟後，不會離開母株，種子也不會掉落，而是在果實內直接發芽長成幼苗，還像胎兒那樣吸取母株的營養。等幼苗長到合適的時候，才會掉到地上生根，並繼續生長。佛手瓜這種繁殖方式，很像動物的胎生現象，因此，它們被稱為「胎生植物」。

知識加加油 ❶

紅樹也是胎生植物。紅樹苗長到約30厘米時，才從母樹上掉下來，落到海灘泥地裏。如果落下時正遇漲潮，不能插入泥土，它會隨波漂流，一直等遇到適合生長的泥土，它才會扎根下來。

知識加加油 ❷

鋅對兒童智力發展有很大影響，缺鋅會導致兒童智力低下。佛手瓜含有豐富的鋅，兒童常吃佛手瓜，可以幫助提高智力啊！

鋅

植物也會 吃小蟲 嗎？

　　小蜜蜂提着小桶，飛到遠處的沼澤地採蜂蜜。「嗡嗡嗡，飛進花叢中⋯⋯」小蜜蜂吉吉唱着歌兒，飛向一株長得像瓶子一樣的植物。

　　「小心，別靠近那株草！」小蜜蜂東東連忙阻止道，「它會吃掉你！」

原來，有一些酸性沼澤地或黑土地，由於土壤裏缺少氮，所生長的植物也會缺少這種物質。為了滿足生長需要，植物會從動物身上獲取這種物質。食蟲植物捕食小昆蟲，就是為了獲取昆蟲體內的蛋白質，彌補自身缺少的氮。像豬籠草、捕蠅草等食蟲植物，它們通過分泌一種特殊的黏液來消化昆蟲，吸取昆蟲體內的營養來維持生長。

知識加加油 ❶

巴西森林裏有一種名叫亞尼品達的灌木，它的枝頭長滿了尖利的鈎刺。人或動物如果碰到了它，就會被那些帶鈎刺的樹枝纏住或刺傷。

知識加加油 ❷

有一種生活在南美洲的捕蠅樹，它會散發出一種特殊的香味，誘使成羣的蒼蠅循着香味而去。當蒼蠅在這棵樹上停落時，就會被樹葉分泌出來的膠質黏住。捕蠅樹不吃蒼蠅，它把蒼蠅留給蜘蛛，因為這種蜘蛛可以為捕蠅樹傳花粉。

為什麼高山盛產 名茶 ？

暑假，爸爸媽媽帶小峯到廬山旅遊。路過當地的特產店時，爸爸和媽媽一起進去選購當地的高山雲霧茶。

「媽媽，我們本地有好茶，為什麼要購買這裏的茶葉呢？」小峯覺得很奇怪。

媽媽解釋道：「小峯，這裏出產的雲霧茶可是有名的好茶啊！高山上的空氣比較稀薄，經常雲霧纏繞，茶樹在這種特定的環境中會生長出芳香油，使茶葉變得香醇可口；同時，高山地區晝夜溫差大，有利於茶葉成分的積累和保存；再加上高山上污染少，產自高山的雲霧茶，品質非常好。」

知識加加油 ❶

茶葉有提神醒腦的作用，但小孩子不適宜喝。因為茶水中含有較多的單寧酸，這種物質會與鈣、磷、鐵、鋅等礦物質生成不溶性化合物，會影響兒童身體的正常發育。

知識加加油 ❷

大紅袍是中國的名茶之一。茶農要去採摘製作大紅袍的茶葉時，都要焚香祭天，然後讓猴子穿上紅色的坎肩（無袖短上衣），爬到生長在絕壁的茶樹上去採摘。由於這種茶葉數量稀少，採摘困難，因此價格昂貴。

為什麼榕樹能從一棵樹長成一片樹林？

　　小動物們坐在榕樹林下，一邊乘涼，一邊吵着要山羊爺爺講故事。

　　山羊爺爺說：「這個故事就發生在這裏。當時，這裏只有一棵榕樹……」

　　小青蛙瞪大眼睛，好奇地問：「山羊爺爺，這裏是從一棵榕樹變成了一片樹林？」

山羊爺爺摸了摸鬍子，笑着說：「是啊！你看這片樹林，都是樹連着根，根連着枝。榕樹的樹枝下掛着一條條氣根，有的下垂到地面，又伸入土中，像小樹幹一樣吸收土壤裏的水分和養料，越長越粗。這種由氣根長成的『小樹幹』，能支撐並提供養料給母樹，使它生長得更茂盛。時間一長，一棵樹就變成一片樹林了。」

知識加加油

　　榕樹的氣根會絞殺其他植物。當它的種子落到其他大樹的根上，這顆種子萌芽長成幼苗，生出兩類氣根：一類從土壤中獲取營養，供給自身生長；另一類則緊緊地箍在其他植物的身上，讓自己的莖葉朝其他大樹的枝葉中延伸出去，最終將它覆蓋，使其得不到陽光而枯萎。

為什麼 荷花的根 長期泡在水裏不會腐爛？

小海和媽媽到西湖遊玩，看見湖面上有一大片盛開的荷花。

「媽媽，開在水面上的荷花，它的根是長在水裏的嗎？」小海好奇地問。媽媽笑着回應小海說得對。

「為什麼其他植物的根泡在水裏會腐爛，而荷花的根卻不會腐爛呢？」小海更加好奇了。

「荷花是親水植物，它的根也非常特別。」媽媽給小海講了荷花長在水裏不會腐爛的秘密。原來，荷花的根部和莖部表皮層都是半透明的薄膜，可以吸收溶解在水裏的小量氧氣。此外，荷花還能通過根部上下通連的細胞間隙來傳導空氣，供植物呼吸。而且，荷花的葉片含有葉綠素，能進行光合作用，製造養分。靠着這些，荷花生長在水裏不會腐爛。

知識加加油 ❶

荷花全身是寶。荷花的花朵可供人們觀賞；我們平常吃的蓮藕是荷花的莖；用蓮蓬煮茶，可預防糖尿病；蓮子有清血、散瘀、益胃、安神的功用，被視為珍貴的滋補食品。

知識加加油 ❷

蘇州一帶，每逢農曆六月廿四，都要過荷花節。人們來到荷花盛開、荷葉連天的荷花蕩景區，去賞荷和放荷燈，許下自己的心願。

為什麼雨後的 春筍 長得特別快？

「嘩啦啦——」竹林裏下起了春雨。熊貓媽媽高興地說：「這下好啦，我們很快就有春筍吃啦！」

熊貓寶寶好奇地問：「媽媽，你是怎麼知道的？」

熊貓媽媽笑着說：「因為下了這場春雨啊！」

第二天，他們來到竹林裏一看，地上果然冒出了許多春筍。

春筍是竹子的一部分。竹子的地下莖俗稱「竹鞭」，會長出許多芽。這些芽在冬天儲存了足夠的養分，到了春天氣候變暖時就長成春筍。春雨過後，土壤裏水分增多，土質鬆軟，春筍有了充足的養料快速生長，像箭一般紛紛冒出地面。

知識加加油 ❶

竹子的生長速度很快，有時一晝夜可以長高 1 米多。特別在春雨過後，竹子能在一天裏拔高 2 米。不出一年，這些冒出地面的竹筍就能長成竹林。

知識加加油 ❷

斑竹的莖上有斑點，好像眼淚滴在上面的痕跡。傳說舜帝在南巡的途中去世了，他的兩個妻子娥皇和女英悲痛萬分，追到洞庭湖邊。她們的眼淚灑落在翠竹上，翠竹立即顯現出斑點。因此，斑竹又稱為「湘妃竹」。

為什麼 梅花 能在寒冷的冬天開放？

力力在家裏背誦一首新學的詩：「牆角數枝梅，凌寒獨自開。遙知不是雪，為有暗香來。」

爺爺問力力：「你知道這首詩寫的是什麼嗎？」

力力回答道：「老師跟我們講過，它是寫梅花不怕嚴寒，在風雪中開放。」爺爺欣賞地點了點頭。

「爺爺，冬天那麼冷，為什麼梅花還能開放呢？它不怕冷嗎？」力力問。

爺爺告訴力力：「梅花在秋天時已經長出了小小的花苞。冬天雖然氣溫很低，但花苞也能生長。它們就這樣慢慢發育，直到開花。所以，在冬天大雪紛飛的時候，我們也能看到梅花盛開的美景。」

知識加加油 ❶

在中國，梅花被視為報春的吉祥之物。梅有五片花瓣，象徵着五福，即快樂、幸福、長壽、順利與和平。

知識加加油 ❷

梅、蘭、竹、菊，被人們稱為「花中四君子」，它們分別代表了傲、幽、堅、淡四種品格。梅花不屑在春光中爭豔，而在天寒地凍、萬木蕭瑟時傲然怒放。這種品格自古以來深受人們喜愛。

梅　　　蘭　　　竹　　　菊

為什麼嘴裏含着薄荷，感覺特別清涼？

　　小寶在屋子裏好乖，姐姐開心地從糖果盒裏拿了一顆糖送給他。小寶把糖放進嘴裏，頓時感覺滿嘴清涼。

　　「姐姐，這是什麼糖？吃進嘴裏好涼爽，我還想吃。」小寶湊近姐姐。「這是薄荷糖，快拿着。」姐姐又給小寶抓了幾顆。

「為什麼薄荷糖含在嘴裏這麼涼爽呀？」弟弟很好奇。「這⋯⋯」姐姐答不上來了。

他們去向爸爸請教。

爸爸告訴他們：「薄荷的莖和葉子含有大量容易揮發的薄荷油，它們在揮發時會帶走口腔裏的熱量，人們就會覺得嘴裏像在冒涼風。」

知識加加油 ❶

用薄荷泡茶，再把茶葉敷在眼睛上，會使眼睛感覺涼爽，能解除眼睛的疲勞。因此，薄荷也經常用來治療眼疾，有「眼睛草」的別稱。

知識加加油 ❷

如果你會暈車或暈船，不妨試試以下的辦法：在手帕上滴 5 至 8 滴風油精，把手帕放在鼻孔前。風油精裏含有薄荷，薄荷能刺激大腦神經，這樣可改善暈車、暈船的情況。

天才孩子超愛問的十萬個為什麼
植物樂園

作者：幼獅文化
繪圖：貝貝熊插畫工作室
責任編輯：黃楚雨
美術設計：劉麗萍
出版：園丁文化
香港英皇道 499 號北角工業大廈 18 樓
電話：(852) 2138 7998
傳真：(852) 2597 4003
電郵：info@dreamupbooks.com.hk
發行：香港聯合書刊物流有限公司
香港荃灣德士古道 220-248 號荃灣工業中心 16 樓
電話：(852) 2150 2100
傳真：(852) 2407 3062
電郵：info@suplogistics.com.hk
印刷：中華商務彩色印刷有限公司
香港新界大埔汀麗路 36 號
版次：二〇二二年五月初版
二〇二三年一月第二次印刷

ISBN: 978-988-7625-00-1
原書名：《好寶寶最愛問的小問號　十萬個為什麼　植物樂園》
Copyright © by Youshi Cultural Media Corporation (China)
All rights reserved.

本書香港繁體版版權由幼獅文化（中國廣州）授予，版權所有，翻印必究。
Traditional Chinese Edition © 2022 Dream Up Books
18/F, North Point Industrial Building, 499 King's Road, Hong Kong
Published in Hong Kong SAR, China
Printed in China